进化的旅程

爬行动物

王章俊 著

童趣出版有限公司编　人民邮电出版社出版
北　京

图书在版编目（CIP）数据

进化的旅程. 爬行动物 / 王章俊著 ; 童趣出版有限公司编. -- 北京 : 人民邮电出版社, 2021.9
ISBN 978-7-115-56197-8

Ⅰ. ①进… Ⅱ. ①王… ②童… Ⅲ. ①爬行纲—少儿读物 Ⅳ. ①Q11-49

中国版本图书馆CIP数据核字(2021)第051201号

著　　　：王章俊
责任编辑：王宇絜
责任印制：李晓敏

编　　　：童趣出版有限公司
出　　版：人民邮电出版社
地　　址：北京市丰台区成寿寺路 11 号邮电出版大厦（100164）
网　　址：www.childrenfun.com.cn

读者热线：010-81054177
经销电话：010-81054120

印　　刷：北京华联印刷有限公司
开　　本：787 × 1092　1/12
印　　张：4
字　　数：80 千字
版　　次：2021 年 9 月第 1 版　2021 年 9 月第 1 次印刷
书　　号：ISBN 978-7-115-56197-8
定　　价：30.00 元

版权所有，侵权必究。如发现质量问题，请直接联系读者服务部：010-81054177。

序言

如果把地球46亿年的历史浓缩成24小时，恐龙在22点46分39秒第一次出现，不到1小时后，在23点39分30秒，又从地球上消失。相比之下，人类出现得极其晚，在最后1分钟才诞生在非洲。但就在这1分钟的时间里，人类开始直立行走、制造石器、学会用火、发明高级语言，创造出了灿烂的文明。

今天，我们遥望飞翔、奔跑的史前生灵，寻觅我们祖先走出非洲的迁徙路线，犹如乘坐一架时光机器。我们回到200多万年前，看到祖先如何采集、狩猎，再到1亿多年前的白垩纪，见证恐龙如何进化成鸟类……穿越到3亿多年前的晚泥盆世，看到四条腿的鱼类如何登上陆地，从此拉开了四足动物繁衍的序幕……直到5.3亿年前的寒武纪，目睹蔚为壮观的“生命大爆发”，人类的有头鼻祖——昆明鱼隆重现身，开启了脊椎动物的进化之旅！

40亿年前，地球上所有生命的始祖——露卡悄然面世。

继续回溯到 138 亿年前，我们会看到“宇宙大爆炸”的壮美画面，见证氢原子的形成、第一束光的出现，以及 50 亿年前太阳的诞生。

孩子对生命进化的兴趣，源于人类独有的本能。从呱呱落地、翻身爬行、站立行走，到跳跃奔跑；从牙牙学语、初识文字、学会书画、掌握技能，再到设计飞船、进入太空……犹如人类的祖先从四足爬行，到直立行走、制作石器、走出非洲，最终遍布全球。

这套书既可以激发孩子对科学的热爱，也可在孩子的思想深处播撒对自然知识渴望的种子。书中生动而充满创意的插图和通俗有趣的文字，一定会令他们手不释卷。同时，生动直观的生命进化树，可以让孩子了解脊椎动物的前世今生，赋予孩子丰富的联想，提升逻辑思维和创新潜力。

我希望越来越多的孩子，我们的子孙后代，都能把“我想当一名科学家”作为儿时的梦想，只有这样，方能极大地提升人生价值，也只有这样，民族复兴、国家强盛，方能指日可待！祝小朋友们阅读愉快，开心成长！

舒德干

中国科学院院士、进化古生物学家

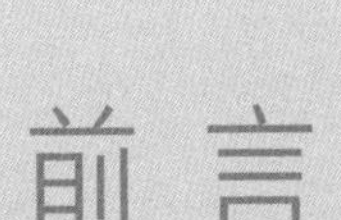

前言

孩子对宇宙中运行的天体、千奇百怪的动物，以及神秘莫测的自然现象天生充满好奇心，尤其是对史前动物——恐龙，更是表现出极大的兴趣，经久不衰。

每个生命都是一个不朽的传奇，每个传奇的背后都有一个精彩的故事。

学习自然科学知识，既要知道是什么，更要知道为什么，正所谓“知其然，知其所以然”。学习自然科学，就要抱着“打破砂锅问到底”的科学态度，了解表象，探索本质，循序渐进，必有所得。

这是一套专门为孩子量身定做的自然科学绘本（共4册），从“大历史”的视角，按时间顺序与进化脉络，将天文学、地质学、生物学的知识融会贯通，不仅让孩子知道宇宙天体的现在与过去，更让孩子了解鲜活生命的今生与前世。

发生于138亿年前的“宇宙大爆炸”，创造了世间万物，甚至创造了时间和空间。诞生于40亿年前的露卡，是一次次“自我复制”形成的最原始生命。一切生命，都由4个字母A、T、G、C与20个单词代码（氨基酸）书写而成。无论是肉眼看不见的领鞭毛虫或身体多孔的海绵，还是形态怪异的叶足虫或体长2米的奇虾，都是露卡的“子子孙孙”，也就是说，“所有的生命都来自一个共同的祖先”。

所有的脊椎动物，无论是海洋杀手巨齿鲨、爬行登陆的鱼石螈、飞向蓝天的热河鸟、统治世界的人类，还是侏罗纪—白垩纪时期霸占天空的翼龙、称霸水中的鱼龙、主宰陆地的恐龙，都有一个共同的始祖——5.3亿年前的昆明鱼。

人类的诞生只有400多万年，从树栖、半直立爬行到两足直立行走，从一身浓毛到皮肤裸露，从采集果实到奔跑狩猎，从茹毛饮血到学会烧烤，直到数万年前，我们最直接的祖先——智人，第三次走出非洲，完成了人类历史上最伟大、最壮观的迁徙，跨越海峡，进入欧亚大陆；乘筏漂流，抵达大洋洲；穿过森林，踏进美洲，最终统治世界五大洲。新石器时代，开启了人类文明之旅，从农耕文明到三次工业革命，直至今天，进入了人工智能时代。

我们希望这样一套书能带给孩子最原始的认知欲一些小小的满足，能带领孩子进入生命的世界，能让孩子在阅读中发现科学的美妙与趣味，那便是我们出版这套书最大的价值。

王章俊

全国生物进化学学科首席科学传播专家

巨虫的消失

大约在 3.07 亿年前，地球上发生了著名的“石炭纪雨林崩溃事件”。

“巨虫时代”

大约 3.65 亿年前，地球的气候温暖潮湿，沼泽遍布，蕨类植物开始繁盛，为后来巨厚煤层的形成奠定了基础，所以人们把这一时期命名为“石炭纪”。同时，这些蕨类植物在光合作用下产生大量的氧气，使当时的大气含氧量快速升高，昆虫也因此长得巨大，出现了翼展近1米的巨脉蜻蜓、体长近 3 米的蜈蚣等，所以这一时期又被称为“巨虫时代”。

石炭纪末期，地球气候逐渐从温暖潮湿变得干冷，进入“石炭纪大冰期”，蕨类热带雨林消失，只留下彼此隔离、低矮的树蕨类丛林，地球沦为生态孤岛，被称为“石炭纪雨林崩溃事件”。

在这次事件中，巨型昆虫等节肢动物受影响最大，灭绝最多；两栖动物同样遭到灭顶之灾。而爬行动物却凭借自身独特的优势而大量繁衍，发展出多样化的物种，开始登上统治地球的舞台。

四足动物进化树

鸟臀目
蜥臀目
恐龙
西里龙
阿希利龙
雷神翼龙
风神翼龙
波斯特鳄
马拉鳄龙
沛温翼龙
链鳄
狂齿鳄
恐龙形类
恐龙形态类
兔蜥
翼手龙类
中国帆翼龙
沧龙
海诺龙
镶嵌踝类主龙
翼龙类
悟空翼龙
股薄鳄
鸟颈类主龙
加斯马吐鳄
萨斯特鱼龙
喜马拉雅鱼龙
硬椎龙
主龙类
歌津鱼龙
海怪龙
主龙形类
古鳄
短尾鱼龙
真鼻龙
沧龙类
海王龙
海洋龙
蛇颈龙
巢湖龙
海霸龙
鱼龙类
柔腕短吻龙
基龙
上龙
蛇颈龙类
纤肢龙
林蜥
杯鼻龙
油页岩蜥
古窗龙
盘龙目
龟鳖
真爬行动物
异齿龙
副爬行动物
似哺乳类爬行动物
始祖单弓兽
爬行动物

除了鱼类之外，其余的脊椎动物都长着四肢，叫作四足动物，有着共同的祖先。我们人类也是其中的一员。

四足动物的起源

陆地上的四足动物都是从生活在海洋中的鱼类进化而来的。最早在3.75亿年前，四足形类肉鳍鱼开始登岸探索陆地。

古老的三兄弟

爬行动物出现在3亿多年前，是从类似原水蜴螈的两栖动物进化而来的。最早的爬行动物身材小巧，没有鳞片，牙齿尖利，动作非常敏捷，以昆虫为食。

爬行动物有“三兄弟”，老大是真爬行动物，是很多动物的祖先，如水中的鱼龙、蛇颈龙和沧龙，以及空中的翼龙、陆上的鳄类和恐龙等。

老二是似哺乳类爬行动物，是哺乳动物和人类的祖先。

老三是副爬行动物，现在只剩下了龟鳖类。

爬行动物的分类理由

随着爬行动物的进化，它们的眼眶后面的颅顶进化出了附加的孔，叫作颞颥（nièrú）孔，它们可以增强颌肌的功能，帮助进食。我们通过颞颥孔的数量来区分爬行动物“三兄弟”。

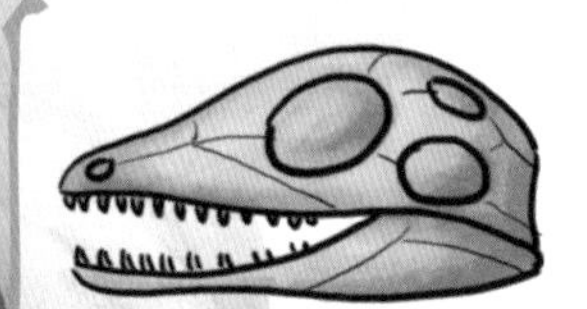

真爬行动物有两个颞颥孔，属于“双孔亚纲”。

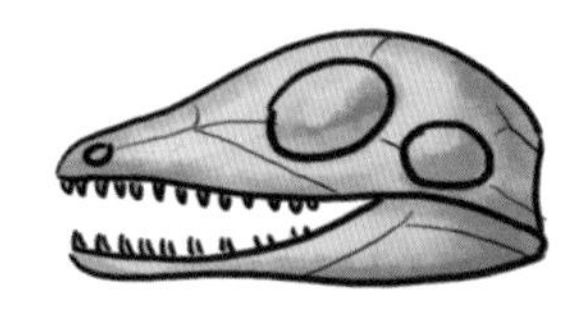

似哺乳类爬行动物只有一个颞颥孔，属于“单孔亚纲”。

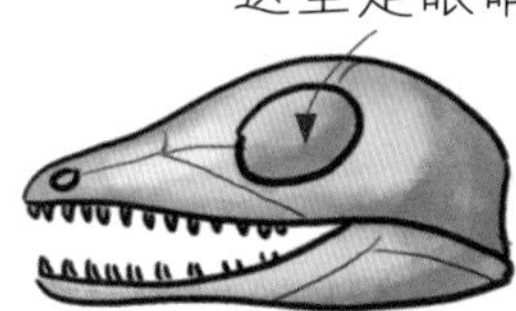

副爬行动物没有颞颥孔，属于“无孔亚纲”。

现在世界上有1万多种爬行动物，最常见的包括蜥蜴、蛇、鳄鱼和龟鳖等四大类。
蛇
鳄鱼
蜥蜴
鳄龟
长寿的乌龟
人们常说“千年王八万年龟”，虽然现实中乌龟的寿命并没有那么长，但龟鳖类确实是寿命最长的动物之一。这是因为爬行动物的新陈代谢比较慢，而且有冬眠习性。
有一只亚达伯拉象龟，据说活了250年。
象龟

征服地球

与两栖动物相比，爬行动物最大的特点是它们靠产羊膜卵进行繁殖，不再需要回到水里产卵或依靠水孵化幼体。除此之外，爬行动物的心肺功能也变得更强大了。这些变化让它们更加适应干燥少水的陆地生活，为彻底征服地球做好准备。

羊膜卵指具有羊膜结构的卵，也就是我们平常说的“蛋”。哺乳动物的子宫就是在羊膜卵的基础上进化而来的。

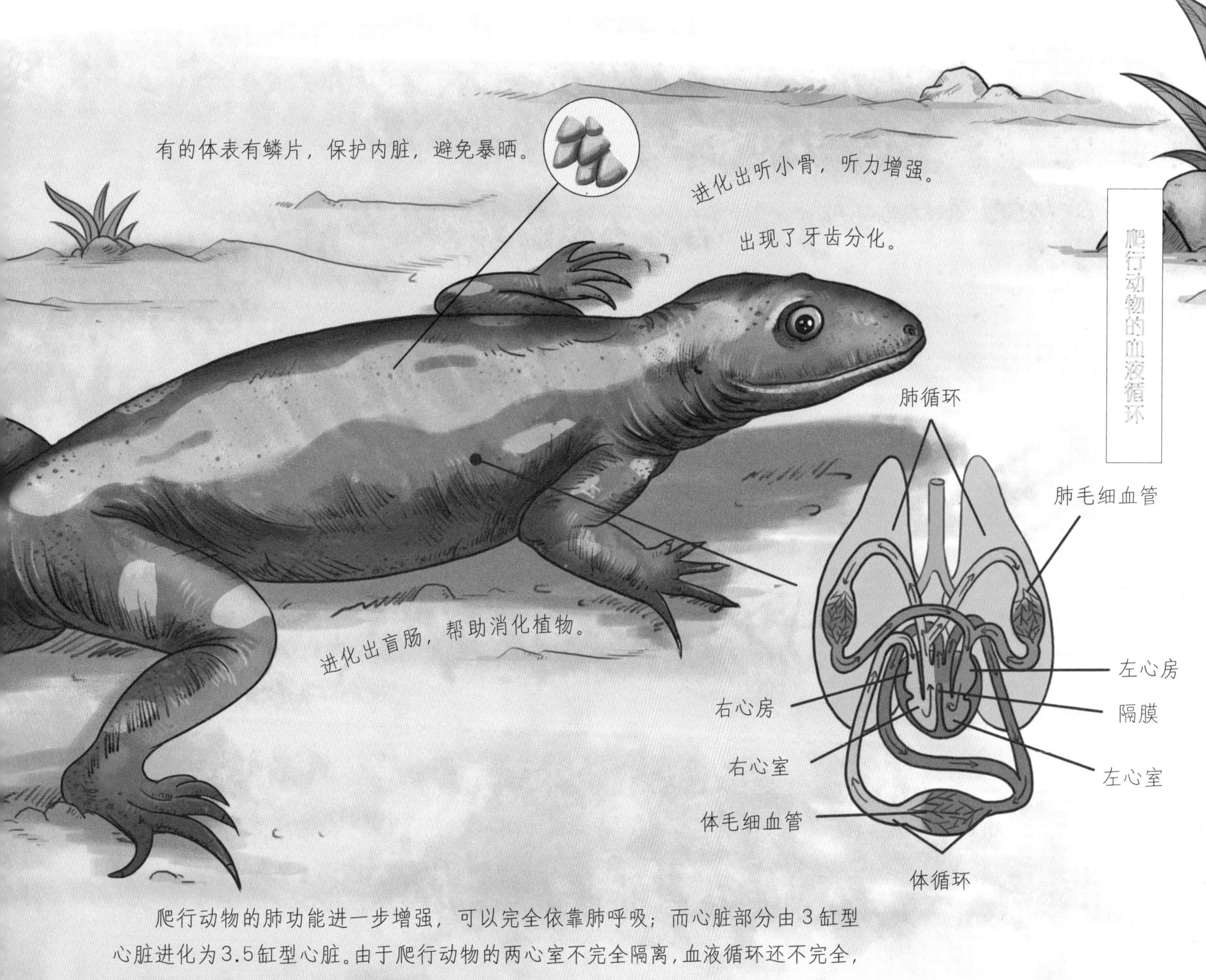

爬行动物的肺功能进一步增强，可以完全依靠肺呼吸；而心脏部分由3缸型心脏进化为3.5缸型心脏。由于爬行动物的两心室不完全隔离，血液循环还不完全，产生的热量较少，体温调节机能也还不完善，所以它们仍是变温动物。

爬行动物有灵敏的嗅觉，可以弥补视觉和听觉的不足。它们开始有了肉食性与植食性的区别。

产羊膜卵、征服陆地，是脊椎动物进化史上的第四次巨大飞跃。

爬行动物的老大

貌似蜥蜴：古窗龙

又名古单弓兽，体长约 30 厘米，外表类似蜥蜴。它们生活在 3.12 亿~3.04 亿年前。古窗龙有锐利的牙齿和大眼睛，可以夜间猎食，可能以昆虫及小型动物为食，并且仍然拥有某些原始特征，与两栖动物相似。

长得像鳄鱼的主龙类生物：加斯马吐鳄

加斯马吐鳄是已知最早的主龙形类之一，生存在约 2.5 亿年前的早三叠世，体长约 2 米，形似现代鳄鱼。它们的口鼻前端向下弯曲，颌骨上缘有一排牙齿，有助于咬住猎物。

身材小巧：林蜥

林蜥生活在 3.15 亿年前，是已知最古老的爬行动物之一，体长大约 20 厘米，外表也类似现代蜥蜴。它们有小而锐利的牙齿，可能以昆虫为食。

现代鳄鱼的远祖：古鳄

古鳄是早三叠世最大型的陆地爬行动物之一，和现代的鳄鱼在很多方面都相似，但古鳄的口鼻部前端和加斯马吐鳄一样，也是向下弯曲的。

长有似犬齿的牙齿：油页岩蜥

油页岩蜥生活在约3.02亿年前，体长约40厘米，是已知最早的真爬行动物之一，主要以小型昆虫为食。

牙齿更大：纤肢龙

纤肢龙是油页岩蜥同时期的近亲。它们的差异主要在于牙齿，纤肢龙的牙齿更大、更钝，据推测可用来压碎昆虫的外壳。另外，纤肢龙的头骨也更加坚硬，咬合力更大。

第三次生物大灭绝

约 2.51 亿年前的晚二叠世，地球上再一次发生了生物大灭绝事件。

由于大量火山的爆发，碎岩和岩浆覆盖了陆地，气温骤增，有毒气体引起了持续上万年的酸雨，大气含氧量急剧下降、海洋缺氧……导致森林消亡、生态系统崩溃，造成了 95% 的海洋生物和 75% 的陆生脊椎动物永远消失。这次灭绝事件之后不久，生态系统彻底更新，原本处于边缘地位的主龙类爬行动物强势崛起，体形由小变大，物种由少变多，它们迅速称霸了海、陆、空。

这是地球上规模最大、毁灭性最强的生物大灭绝事件。从此，三叶虫在地球上销声匿迹，但同时也有一些生物，如鹦鹉螺、鲎（hòu），以及鳄鱼等幸存下来，并且一直生活到了今天，它们都被称作“活化石”。

在这次事件中，鳄类动物遭到重创，只有少量鳄存活到了现在。还有似哺乳类爬行动物，它们在中晚二叠世时十分繁盛，种类繁多，但大部分在这次事件中消失。

幸存的一支似哺乳类爬行动物在大约 2.05 亿年前进化成了最早的哺乳动物——摩尔根兽。

“龙”的祖先

这里说的“龙”，是指名字中带“龙”字的爬行动物，如鱼龙、蛇颈龙、翼龙、阿希利龙等，不过，它们都已经灭绝了。这些“龙”既不是作为中华民族图腾的龙，也不是史前的恐龙。

翼龙祖先——沛（pèi）温翼龙

它们生活在2.3亿年前，体形较小，翅膀比较短，翼展只有40厘米。它们有一条长尾巴，形状像飞镖，末端很尖。和身体相比，它们的头很大，嘴巴里长满尖锐的牙齿，可以捕猎小型动物。

鱼龙祖先——柔腕短吻龙

它们生活在2.48亿年前，体长40厘米左右，是第三次大灭绝事件之后最早出现的鱼龙。正如它们的名字一样，柔腕短吻龙的吻部很短。它们仍然保留着陆生动物的特征，也没有牙齿，腕部可以弯曲，像海豹一样用前肢支撑身体。这些体貌特征，证明了柔腕短吻龙正处于从陆地到海洋生活的过渡期。

中生代是爬行动物的时代

从早三叠世至晚白垩世的中生代，各种各样的爬行动物呈多样化、爆发式发展，几乎占领了地球的各个角落。

恐龙的祖先——阿希利龙

它们是最古老的恐龙形类动物，生活在2.45亿年前，体长1～3米，体重10～30千克，和后来的恐龙相比，算是小个子。虽然阿希利龙在形态上非常接近恐龙，但它们不是恐龙，也许可以算作恐龙的祖先。

海洋中的“龙”

鱼龙、蛇颈龙、沧龙等生活在海洋中，它们并不是恐龙，而是与恐龙拥有共同的祖先——最早的真爬行动物，如林蜥等。

鱼龙最早出现在约 2.48 亿年前的早三叠世，在晚白垩世灭绝。它们长得非常像海豚，用肺呼吸空气，是卵胎生的爬行动物。

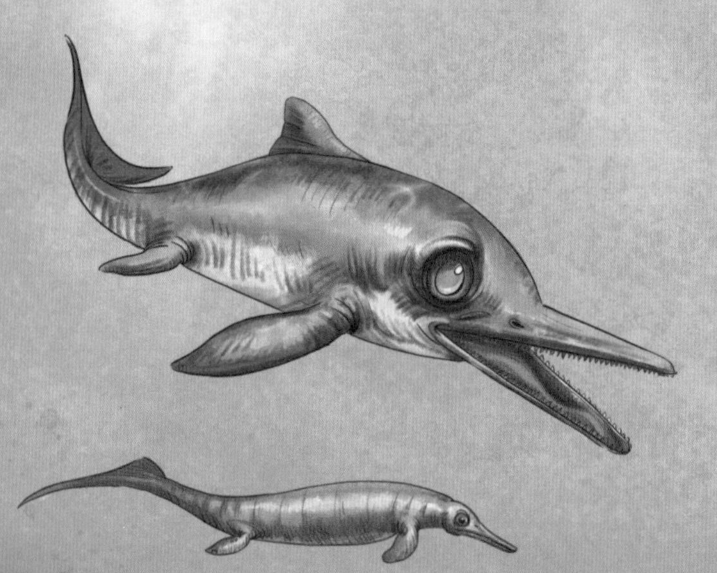

大眼鱼龙

它们的眼睛像小号足球那么大，帮助它们在光线较暗的深海中捕食。大眼鱼龙的眼睛内部有一圈软骨，叫作巩膜环，用来保护眼球，让它们可以在压强较高的海底维持眼睛的形状。不过，它们不能像鱼类一样用鳃呼吸，必须返回海面换气。

巢湖龙

它们是柔腕短吻龙之后最早出现的鱼龙，因化石发现于中国巢湖地区而得名。它们是体形最小的鱼龙，体长只有 1 米左右。

喜马拉雅鱼龙

它们生活在 2 亿多年前晚三叠世，四肢已经进化成适合游泳的桨状鳍，有 200 多颗扁锥状锋利的牙齿，捕食其他鱼类。

扁鳍鱼龙

它们是白垩纪最大的鱼龙之一，前鳍状肢形状扁平、宽大，部分腕骨在进化中消失。它们也是大眼鱼龙家族的一员。

萨斯特鱼龙

它们生活在2.3亿～2.1亿年前，是目前发现的所有鱼龙类中体形最大的，有的体长可以达到23米。

真鼻龙

它们的上颌长度能达到下颌长度的两倍，两侧拥有尖锐的牙齿。独特的上颌有可能便于它们搜寻海底的猎物，或者用来攻击猎物。

一出生就游泳

鱼龙虽然也是由卵孵化成的，但受精卵既不能直接产在岸上，也不能在水中孵化，所以鱼龙的生殖方式产生了进化，雌性鱼龙在体内受精后，将受精的羊膜卵在母体内孵化，再把幼崽产出体外。小鱼龙一出生就可以在水中游泳了。

已经发现的化石表明，小鱼龙从妈妈肚子里出来时是先露出尾巴的，这可以让它们出生后以最短的时间升到水面呼吸，避免因呛水而死亡。这种特殊的卵生方式让鱼龙可以更好地适应水中生活，我们叫它“卵胎生”。

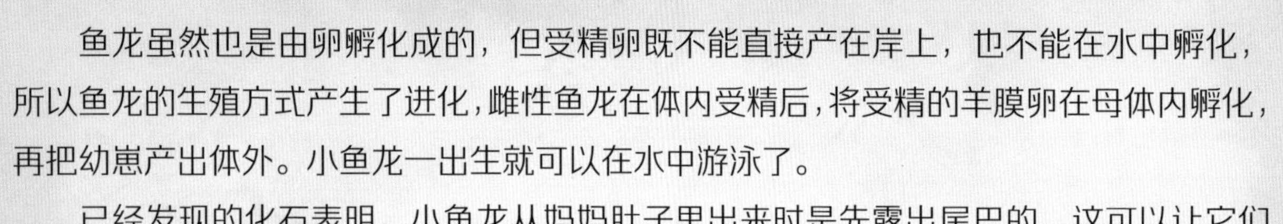

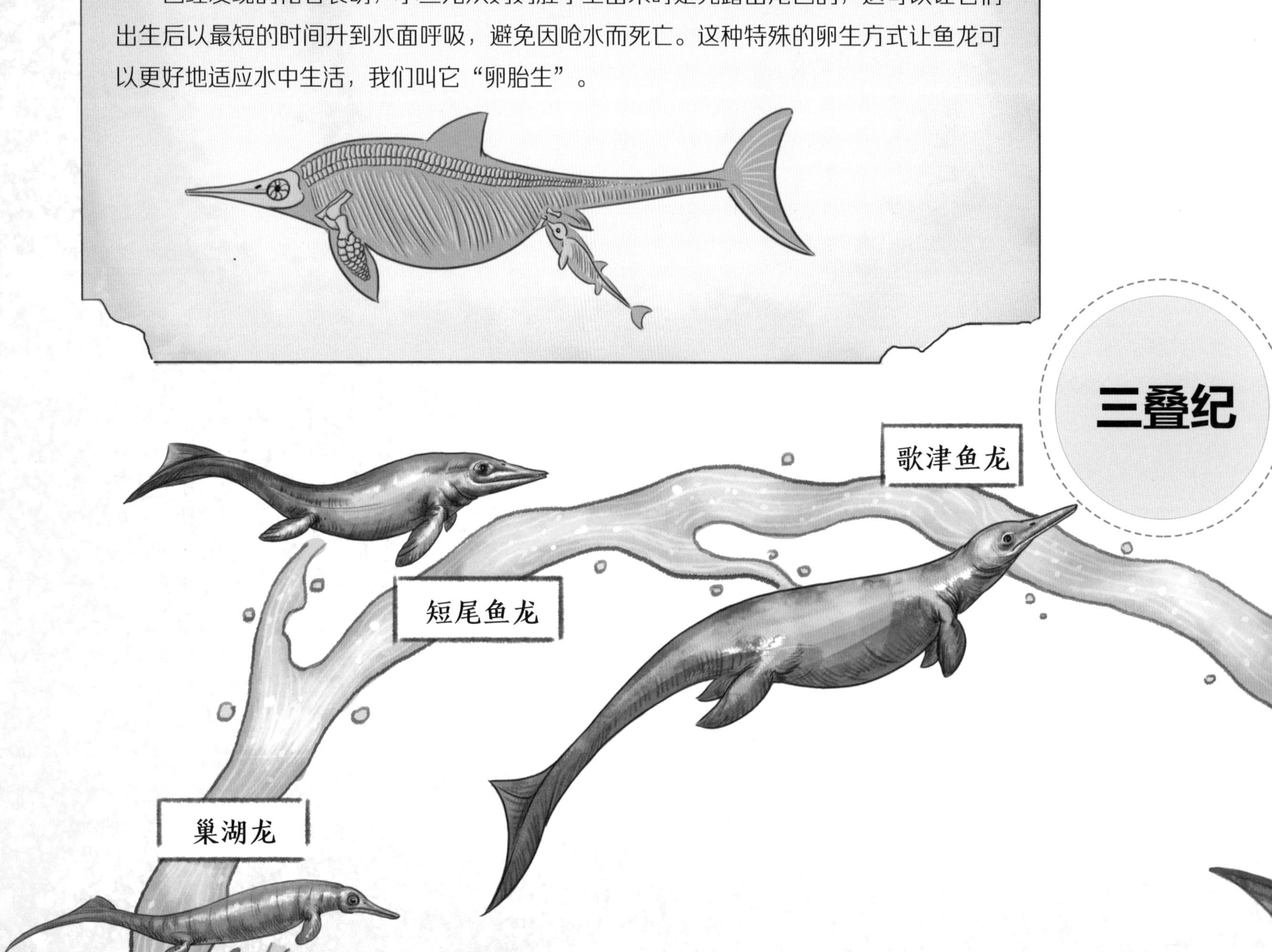

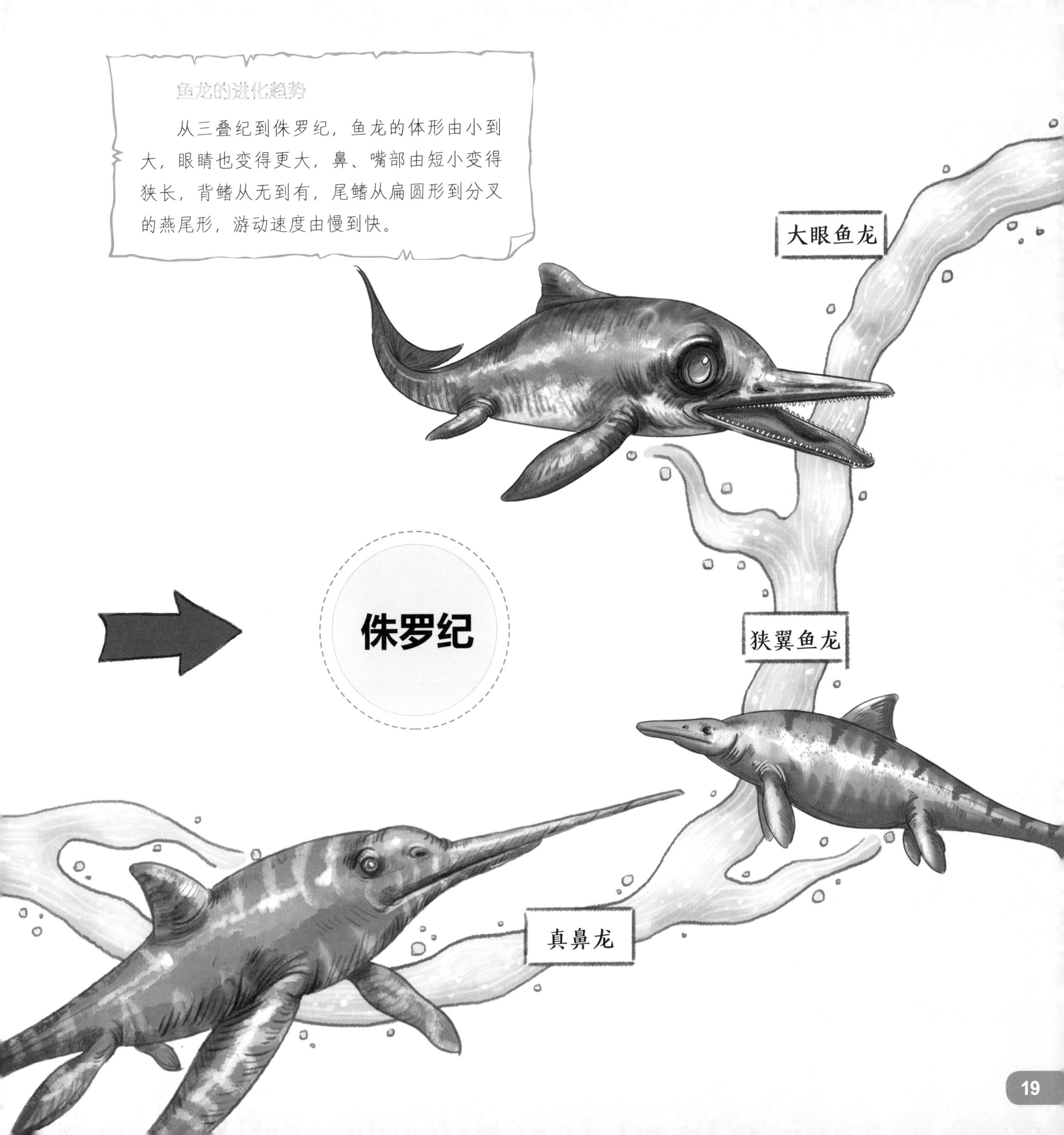
鱼龙的进化趋势
从三叠纪到侏罗纪，鱼龙的体形由小到大，眼睛也变得更大，鼻、嘴部由短小变得狭长，背鳍从无到有，尾鳍从扁圆形到分叉的燕尾形，游动速度由慢到快。
大眼鱼龙
侏罗纪
狭翼鱼龙
真鼻龙

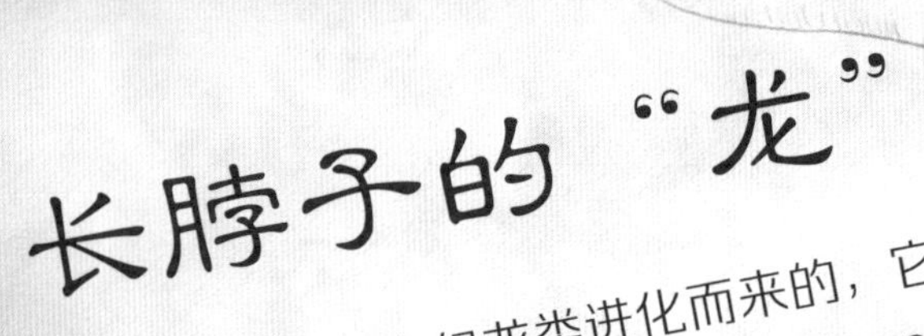

长脖子的“龙”

蛇颈龙类是由幻龙类进化而来的，它们首次出现在约2.3亿年前的中三叠世，在侏罗纪尤其繁盛，直到6600万年前灭绝。根据脖子的长度，蛇颈龙家族又分为蛇颈龙类和上龙类“两兄弟”，它们是当时最大的水生动物，体形比最大的鳄鱼还大。

蛇颈龙

蛇颈龙在英文里的意思是“接近蜥蜴”。它们在海中捕食其他鱼类，体长3～5米，有着像蛇一样细长的脖颈，身体较宽，四肢像鱼鳍一样，但比鱼鳍更细长。蛇颈龙的脖子虽然长，但因为颈椎骨骼连接紧密，只能小幅度摆动，并不像想象中那么灵活。

海洋龙

海洋龙是一种小个子蛇颈龙，体长1.5～2米，脖颈也很长。虽然体长不到蛇颈龙的一半，但海洋龙的头比蛇颈龙大，占了体长的十分之一。

海霸龙

海霸龙大约生活在9500万年前，体长12米，颈部就有约6米长，占了体长的一半，四肢长1.5～2米。人们在它们的化石胃部区域发现过石头，有研究认为这可能是用来磨碎食物的。

上龙

上龙是蛇颈龙的兄弟，体长4～10米，与蛇颈龙不同，它们的脖颈比较短，而头部较长，上颌咬合有力，四肢已经进化为宽平的鳍状肢，是三叠纪到白垩纪海中的顶级掠食者。

昙花一现

沧龙类在 8500 多万年前的晚白垩世出现，仅生存了 2000 万年，就与恐龙、翼龙等一同灭绝了。沧龙类体形一般较大，形似鳗鱼，没有背鳍，有扁圆状尾鳍，依靠身体的伸缩和尾鳍摆动在水中游动，像一艘飞快的潜水艇。沧龙都是肉食性的，牙齿小而锋利，多以小型鱼类和水生无脊椎动物为食，是当时大海中的顶级掠食者。

海诺龙

沧龙类中最大的一种，体长约 12 米，体重约 10 吨。它们会捕食鱼类甚至其他沧龙类，捕食猎物的方式通常是生吞。

沧龙

沧龙生活在 7000 万～6600 万年前，外形看上去像四肢为鳍状的鳄鱼，最大体长可以达到 17 米，体重超过 20 吨。它们有着锥形的尖锐牙齿，会将猎物咬断、撕裂后吞下。蛇颈龙类、上龙类、鱼龙类都是它们的猎物，几乎将海洋里的对手赶尽杀绝。

硬椎龙

在沧龙家族中算是体形比较小的，体长 2～4 米。它们生活在浅海，海面附近的鱼类乃至能飞行的翼龙类都是它们的食物。硬椎龙的尾巴几乎占了体长的一半，能帮助它们游得更快。

海王龙

海王龙和海诺龙是近亲，体长约 15 米，体重约 10 吨。海王龙的尾巴比海诺龙的要长，约占体长的一半，游泳时就像一根巨大的桨一样。科学研究发现，海王龙与现代巨蜥有较近的亲缘关系。

海怪龙

海怪龙是海王龙、海诺龙的近亲，也是凶猛的捕食者。由于发现的化石较少，只能推测它们体长大约20米。

在天空中飞翔

翼龙和恐龙几乎同时出现，同时灭亡。

翼龙利用上升气流来飞行，可以飞行数千千米的距离。目前科学家们已经发现并命名的翼龙有 140 多种。最近的研究证明，翼龙是恒温动物，体表有毛，可能是世界上最早穿上“羽绒服”的动物。

趋同进化的例子：翼膜的进化

趋同进化，是指在相似的生态环境下，原本不同的物种会进化出一些相似的地方，典型的例子就是翼龙与蝙蝠。

翼龙是爬行动物，蝙蝠是哺乳动物，但它们的前肢和身体进化出相似的翼膜，都靠翼膜飞行，不过它们翅膀的结构不同。

翼龙的翅膀相对原始，没有协助飞行的肌肉，仅依靠气流来飞行。翼膜由第四根指骨延长与体侧连接而成。

蝙蝠翅膀的形状比鸟类更加灵活多变，飞行时更加轻松。翅膀靠掌骨和其他四根指骨的延长来支撑，即由掌骨、指骨间的翼膜与后肢、尾部连接而成。

你来观察一下，它们的翼膜有什么不一样？

鸟类和蝙蝠刚孵化出来时不会飞，要靠父母帮助觅食和保护。但根据对翼龙蛋化石的最新研究，翼龙与它们大不相同，翼龙不照顾幼崽，翼龙幼崽一出壳，就能捕食和飞行。

翼龙的家族

翼龙在长达1.6亿多年的时间里，进化出了许多的种类。它们之间的体形差别很大，小的像现在的普通鸟类这么小，大的有一架小型飞机那么大。

悟空翼龙

悟空翼龙是一种小型的肉食翼龙，有长脖子和长尾巴。它们可能处于翼龙类中的非翼手龙类向翼手龙类进化的过渡环节。

风神翼龙

风神翼龙是目前已知最大的飞行动物，身高超过两层楼，翼展最长达15米。它们会爬上一处较高的地方，然后张开翅膀从上面跳下来，在空中滑翔。风神翼龙没有牙齿，在地面上行走的时候，是四肢着地的。

古神翼龙

古神翼龙体形较小，头骨只有20厘米长，短尾巴，翼展约6米。不同种类的古神翼龙头顶有不同大小和形状的冠饰。科学家认为，古神翼龙可能是不定时活跃性动物，白天、夜晚都有可能觅食、活动。

雷神翼龙

雷神翼龙没有牙齿，头顶长着巨大的头冠，形状像船帆，由颅骨延伸出的两根细长骨棒支撑，头冠的大部分是像鸡冠一样的软组织。

中国帆翼龙

帆翼龙属于中大型翼龙，翼展可能达4～5米，嘴部有些像鸭子的嘴。它们的翼膜形状像帆，因此得名。中国帆翼龙的体形在帆翼龙中相对较小。

中国翼龙

中国翼龙的头部较大，有着像鸟类的尖嘴，嘴里缺乏牙齿。头部上方有一个较长的骨质冠，后肢较小，便于将身体悬挂在树枝或岩石中，可能是杂食性动物。

恐龙的“爷爷”在这里

在恐龙出现之前，称霸陆地的是主龙类爬行动物。主龙类有“两兄弟”，老大是鸟颈类主龙，老二是镶嵌踝（huái）类主龙。

鸟颈类主龙有着挺立的步态与S状曲线的脖子，用脚趾着地行走或奔跑。它们是恐龙、翼龙，以及现在鸟类的祖先。

兔蜥

兔蜥体长约70厘米，后肢长约25厘米，也是两足行走，它们的第四根脚趾特别长。兔蜥与恐龙的直系祖先关系很近，一度被认为是恐龙的祖先。

马拉鳄龙

马拉鳄龙体长约40厘米，用两足行走。

除了前面介绍的阿希利龙外，接近恐龙的爬行动物还有西里龙。它们生活在约2.3亿年前。也曾有研究者把它们归类为恐龙的祖先之一。

镶嵌踝类主龙也称假鳄类，是现代鳄类的祖先。它们口鼻狭长、颈部粗壮，有脚后跟，用脚掌着地行走，四肢由趴姿变为直立，体表覆有鳞片。

狂齿鳄

狂齿鳄生活在2.2亿年前，体长可达3米，有着很长的嘴部，是当时湖泊中的顶级掠食者。它们的鼻孔和眼睛距离很近，可以潜伏在水中将鼻孔和眼睛露出水面，伺机捕食。

股薄鳄

股薄鳄体长约30厘米，头骨较厚，口鼻部较狭窄，后腿可以短距离奔跑。

波斯特鳄

波斯特鳄是现代鳄鱼的早期远亲，生活在2.28亿～2.02亿年前，嘴里像鳄鱼一样有着尖利的牙齿，体长约4米，前肢长于后肢，两足或四足行走。

链鳄

链鳄又名有角鳄，体长5米，高约1.5米。它们的体表覆盖着坚硬的甲片，肩膀两侧各有一只长45厘米的尖角，口鼻部形状像铲子。链鳄虽然长得凶猛，却是植食性动物。

哺乳动物的祖先

在二叠纪，生活在陆地上的除了上述爬行动物之外，还有哺乳动物的祖先——似哺乳类爬行动物，它们是从爬行动物向哺乳动物进化的过渡类型，与恐龙和鸟类亲缘关系疏远，反而与哺乳动物更接近。

杯鼻龙

杯鼻龙的最大个体体长约 6 米，是当时的大块头，有着大水袋一样的身体和宽大的脚掌。它们的鼻子像是两个杯子镶在脑袋上，究竟能起到怎样的作用还在研究中。

早期似哺乳类爬行动物的表皮没有鳞片，也没有毛发，从外表看，更像是“裸体”的蜥蜴。

另外，所有爬行动物的下颌骨都由 3 块小骨头组成，进化到胎盘哺乳动物后，下颌骨变成了 1 块齿骨，听小骨也变成了 3 块骨头，所以，哺乳动物的听力更灵敏。

哺乳动物的听小骨

始祖单弓兽

最早最原始的似哺乳类爬行动物是始祖单弓兽，它们生活在 3.06 亿年前，没有鳞片，已具有较大的犬齿，这表明它们是肉食性动物。

“帅气”的背帆

异齿龙

异齿龙是大型顶级掠食动物，一般体长 3 ~ 3.5 米，体重 100 ~ 150 千克。

异齿龙最大的特点是有大型颅骨和两种不同形态的牙齿，它们也因此得名。其中一种是用于切割食物的牙齿，另一种是用来撕裂食物的尖齿，这两种牙齿后来分别进化成哺乳动物的门齿和犬齿。

异齿龙背部有高大背帆，用来调节体温，也有可能用作求偶或是吓退猎食者。有研究表明，一只成年异齿龙体温从 26 摄氏度提升到 32 摄氏度，若没有背帆需要 205 分钟，若有则只需 80 分钟。

基龙

基龙和异齿龙长得有点儿像，也有一个背帆，但它们以植物为食。基龙牙齿的分化不像异齿龙那么明显，不过它们的牙齿比较多，不仅颌骨上有，口腔上部也有。

牙齿的结构

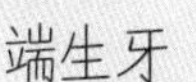

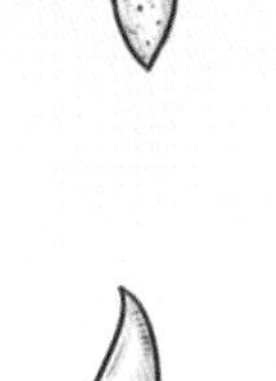

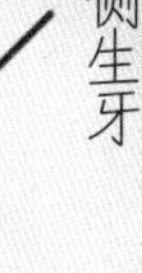

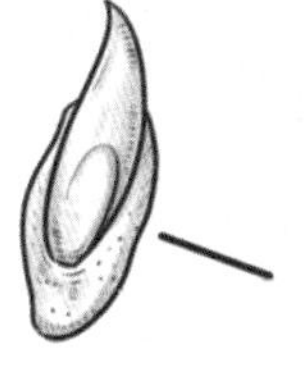

让人意想不到的是，动物的牙齿最早是由鱼鳞进化而来的，牙齿在牙床上的附着主要有以下三种形式。

端生牙：没有牙根，容易脱落，鱼类和两栖动物大多是端生牙，呈三角形或单锥形。

侧生牙：牙体有基部与颌骨附着，一侧的基部伸入颌骨内，部分两栖类、爬行类动物是侧生牙。

槽生牙：有完善的牙根，固定在颌骨内，哺乳动物包括人类的牙都是槽生牙。

牙齿的进化

附着方式：逐渐进化出牙根，越来越坚固。

牙齿数量：从多变少。

生长部位：从口腔内分散变为集中在上下颌骨。

牙齿结构：从单一变为多种，由同形牙进化为异形牙。

替换次数：从终身不断用新牙替换旧牙，演变为一生只替换一次。

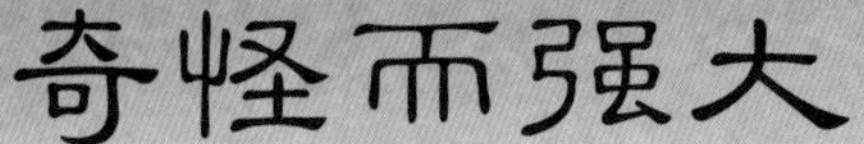

从2.7亿~2.6亿年前的中二叠世起，巴莫鳄、冠鳄兽、中华猎兽、巨型兽、苏美尼兽等成为陆地的主人，它们已经长出了和人类相似的门齿和犬齿。

巴莫鳄的眼睛后方有大型颞颥孔，与其他原始似哺乳类爬行动物的小型颞颥孔不同。巴莫鳄的咬合力可能不那么强。它们的上颌有8颗小型门齿，后方为6颗犬齿。

冠鳄兽是约2.55亿年前最大型的陆地动物之一。它们的特点是头顶有着明显的角，或许是为了吸引同类。它们是杂食性动物，上下颌各有6颗门齿、2颗犬齿，还有其他较小的牙齿。

中华猎兽

中华猎兽体长约2米，头骨长约35厘米，生活在2.65亿年前。

巨型兽

巨型兽体长约2.85米，头骨长约80厘米，生活在2.5亿年前。它们有长尾巴和较短的四肢，和大部分爬行动物一样，四肢长在身体两侧，是一种肉食性生物，有着巨大的牙齿。

苏美尼兽

苏美尼兽生活在2.6亿年前，是最早的树栖脊椎动物。它们脚趾细长，最明显的特点是每只脚上都有一个脚趾能与其他四个脚趾对握，便于在树上抓握与爬行，这样它们既可以在树上进食，又可以躲避天敌。

二齿兽的世界

在 2.45 亿 ~ 2.28 亿年前的中三叠世，二齿兽、包氏兽等成为当时陆地的霸主。它们都有突出的两颗牙齿——犬齿或军刀齿。

犬齿

长出两颗明显的犬齿的似哺乳类爬行动物开始学会用嘴巴和前爪刨土做窝，听觉变得灵敏，可以更好地从危险中逃生。它们进化出各种各样的特征：有的像现代鼹鼠一样挖洞，有的成为生活在树上的脊椎动物，还有的体形和今天的河马差不多。

二齿兽

除了上颌有一对巨牙，嘴里没有其他牙齿，嘴巴是类似乌龟的角质结构。它们擅长挖洞，能够挖出处处相连的地道。

水龙兽

体长约 1 米，长得很像现代河马和猪的结合体，有个猪鼻子，还有一对明显的犬齿，靠吃植物为生，被称作“史前猪”。它们在 2.51 亿年前第三次生物大灭绝事件中幸存了下来。

军刀齿

双重军刀状牙齿是哺乳动物獠牙的由来。

包氏兽

它们的头骨已经具备了哺乳动物的特点。

狼蜥兽

凶猛的肉食兽，长得像巨蜥和狼狗的混合版。它们的牙齿相当大，上颌有6颗大门齿、2颗犬齿和10颗较小的后齿，而下颌有6颗大门齿和8颗较小的门齿。

锯颌兽

锯颌兽体长约1.5米，有着相当大的门牙，也是肉食性动物。

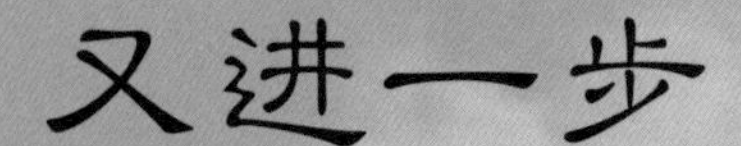

进化到这个阶段的爬行动物既能够爬行，也能够半直立行走；有胡须，身上覆盖着皮毛，可能是穴居的温血动物；已经有了明显分化的门齿、犬齿和臼齿——不过它们仍然是卵生的似哺乳类爬行动物。

三尖叉齿兽

三尖叉齿兽是最著名的动物之一，它们是爬行动物与哺乳动物之间的完美过渡物种，是最像哺乳类的一种爬行动物。它们已经能够完全站立，有外耳郭，可能有胡须，身体也可能覆盖皮毛，牙齿锋利，可以捕捉小型动物。

原犬鳄龙

原犬鳄龙体长约 60 厘米，尾巴较长，脚掌平坦，可能是半水生动物，像现代的鳄鱼那样扭动身体游泳，脚掌像船桨一样划水。

三棱齿兽

三棱齿兽已经很像哺乳类了，但是生理结构上仍保留了许多爬行动物的特点，可能是哺乳动物祖先的近亲。它们有可能在夜间活动，以捕虫为生，也可能发展出杂食性的特点。

三瘤齿兽

三瘤齿兽拥有许多现代哺乳动物的特点，但它们还是卵生动物，具有似哺乳类爬行动物的下颌骨、头颅结构，以植物为生。

小驼兽

小驼兽体长约 50 厘米，长得像现在的老鼠，也是以植物为生。

犬颌兽

犬颌兽体长约 1 米，长得有点儿像狗，以肉食为生。它们的四肢已经可以直立在身体下方，但走起路来仍然是前肢略朝向两侧，有点儿爬行动物的影子。

两只犬颌兽正在享用水龙兽大餐。

“我们”来了！

哺乳动物的出现是脊椎动物进化史上的第七次巨大飞跃：恒温长毛，胎生哺乳。

最早、最原始的哺乳动物摩尔根兽出现在约 2.05 亿年前的晚三叠世，此后进化出了许多不同的种类。它们的体形都非常小巧，体长不足 1 米，在巨兽林立的时代里显得毫不起眼。不过，它们也有自己的生存绝技。

早期哺乳动物其实是夜行族

科学研究发现，早期的哺乳动物为了躲避恐龙的捕食，多数生活在洞穴里，因此发育出灵敏的听觉，并且很有可能将自身活动限制在夜间。在恐龙灭绝后，哺乳动物从夜间活动转变为白天活动的过渡期可能长达数百万年。

哺乳动物在外界不同温度的情况下都可以保持较为恒定的体温，具有较高的新陈代谢率，能适应各种不同温度和地形的生存环境，不仅可以在寒冷地区活动，还可以在夜间捕食。

哺乳动物的胎生可以最大限度地保护胚胎，乳汁可以提供更好的营养，使得哺乳动物后代的存活率更高。所以，在 6600 万年前的生物大灭绝事件之后，哺乳动物爆发式发展，在不到 1000 万年的时间里出现了约 4000 个物种，最终统治了地球。

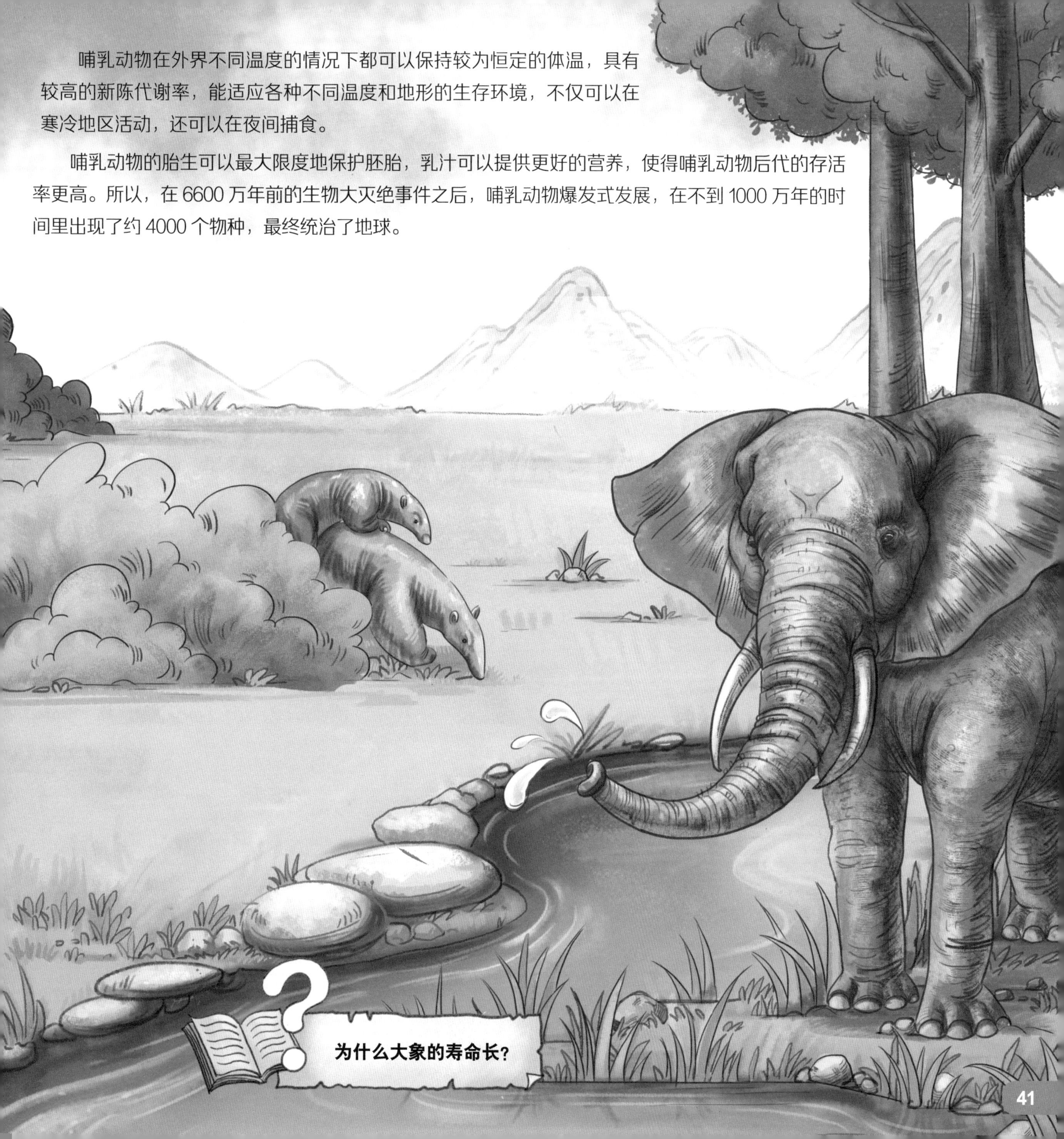